玩游戏
看漫画
学数学

我的第一本科学漫画书

数学世界
历险记 ⑤

黑暗中的怪物

图书在版编目（CIP）数据

黑暗中的怪物 /（韩）柳己韵著；（韩）文情厚绘；全玉花译 .
-- 南昌：二十一世纪出版社，2015.1（2023.12 重印）
（我的第一本科学漫画书 . 数学世界历险记；5）

ISBN 978-7-5568-0296-8

Ⅰ .①黑… Ⅱ .①柳… ②文… ③全… Ⅲ .①数学 –
少儿读物 Ⅳ .① O1-49

中国版本图书馆 CIP 数据核字 (2014) 第 249930 号

我的第一本科学漫画书 · 数学世界历险记 ⑤

黑暗中的怪物 HEIAN ZHONG DE GUAIWU　　[韩]柳己韵 / 文　　[韩]文情厚 / 图　　全玉花 / 译

出 版 人	刘凯军	
责任编辑	陈珊珊	
美术编辑	陈思达	
出版发行	二十一世纪出版社集团	
	（江西省南昌市子安路 75 号　330009）	
	www.21cccc.com	
承　　印	江西宏达彩印有限公司	
开　　本	787 mm × 1092 mm　1/16	
印　　张	11	
版　　次	2015 年 1 月第 1 版	
印　　次	2023 年 12 月第 16 次印刷	
书　　号	ISBN 978-7-5568-0296-8	
定　　价	35.00 元	

赣版权登字 –04—2014—855　　　版权所有，侵权必究

购买本社图书，如有问题请联系我们：扫描封底二维码进入官方服务号。

服务电话：0791-86512056（工作时间可拨打）；服务邮箱：21sjcbs@21cccc.com。

我的第一本科学漫画书

玩游戏
看漫画
学数学

数学世界历险记 ⑤

[韩]柳己韵/文
[韩]文情厚/图
全玉花/译

黑暗中的怪物

二十一世纪出版社集团
21st Century Publishing Group

决定创作《数学世界历险记》时，我们就树立了一个目标——要创作有趣的作品。因为不管是谁，只要提到数学，都会首先联想到复杂的数字和数学算式。而且很多作家也抱有偏见，认为数学是枯燥而生硬的。所以我们想，不管怎样，一定要创作出有趣的漫画作品，减少大家对数学的负担感。在创作过程中，我们自己也领悟到学习数学居然可以充满趣味。

坦率地讲，要解开由一长串数字组成的复杂算式，对于任何人来说都是一件头疼和烦心的事。数学绝不是单纯又无聊的数字计算，那样的计算用计算器就可以轻易地算出答案。数学是一边提出诸如"怎样在迷宫中寻找出路"或"如何用手中的一根木棒测量金字塔的高度"这类看上去有些令人摸不着头脑的问题，一边寻找这些问题的答案的学问。当然，在这个过程中也需要进行数字计算，但更重要的是寻找和证明答案的过程。这个过程就像侦探小说中主人公收集证据并通过证据推理出谁是罪犯的过程一样，紧张而刺激。

小朋友们，不要因为觉得困难而逃避，希望你们与这套书里的主人公一起进入数学世界历险。你们不仅可以从中发现计算的乐趣，而且还能提高成绩，培养和锻炼思考的能力。

　　各位同学，你们有没有经过苦思冥想解答出数学难题的经历呢？我因为喜欢这个思考的过程，从而喜欢上了数学。没有感受过那一瞬间灵光闪现的人恐怕是无法理解的。就算花更长时间，就算不能马上想到解决方法，我仍希望各位能与道奇和达莱一起自主解决本书中的数学谜题，希望大家能体会到其中的灵光闪现。这种灵光就是你们喜欢上数学的契机。

　　喜欢数学非常重要。有些人虽然数学成绩好但本身讨厌数学，有些人虽然数学成绩一般但是喜欢数学。随着时间的推移，后者会比前者更加擅长数学，将来也会取得更好的成绩。解答一个数学问题，要先把已经学过的数学知识在脑海中筛选一遍，再按照正确的方法和步骤来进行。经过这样的锻炼，不仅仅数学成绩能提高，逻辑思维能力也会得到提高。

　　数学并不只是存在于教科书和习题集中，也隐藏在我们的生活中。和道奇、达莱一起解决在生活与冒险中遇到的数学问题，会让大家了解数学是多么有趣的一门学问。现在就与他们一起进入数学世界吧！

　　首尔金童小学教师　李江淑

目 录

郭道奇

大魔法师普利亚斯的弟子。头脑聪明，数学天分超强，反应敏捷，爱施小诡计，却常常自食其果。

金达莱

以数字之国领主的身份，代替菲奥娜公主做别西卜的助手，帮助他寻找分身。善于利用数学公式解题。

别西卜

唯一能与路西法抗衡的巫师，在战斗中身负重伤，无法发挥全部能力。为恢复能力，正全力寻找散落在各地的分身。

路西法

想要称霸数学世界甚至现实世界的人工智能程序。

精灵智妮

数学世界的管理者，把道奇和达莱带到数学世界。

巴尔扎克

曾经是黑色骑士团的团长，被路西法打败之后变成骷髅。现在自愿担任金达莱的护卫骑士。

《数学世界历险记》百分百利用法

漫画数学常识

这里有丰富而有趣的数学知识，例如大家一定要熟记的**基本数学概念**、历史中的**数学故事**以及在日常生活中常见的**数学原理**等。

创新数学谜题

运用每章中介绍的数学概念，来解答难度各异的趣味数学问题。

道奇的问题是最简单的问题。通过解答"道奇的问题"来接触有趣的数学吧！

智妮的问题是最难的问题。通过解答"智妮的问题"来尝试变成数学天才吧！

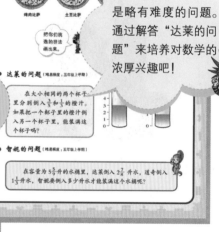

达莱的问题是略有难度的问题。通过解答"达莱的问题"来培养对数学的浓厚兴趣吧！

正确答案及解析

"创新数学谜题"的解答过程与正确答案。

第一章 巫师别西卜

你是谁啊？我可没有这么丑的儿子！

……

爸！难道你忘了自己儿子的长相吗？

道奇，等等！

好好想想，那位大叔不可能是你爸。

为什么？

你想啊，这里又不是现实世界。

！

可是……

？

啊！有道理，可心里还是不能接受啊！

长着那副包子脸的，除了我爸还能有谁？！

什么？

包子脸？！

不对，等等……

这个世界肯定是道奇爸爸设计出来的吧？

是的。

与设计者长相一样的人物，会不会就是这个世界的"统治者"呢？

就像以前宫廷画家画画时，喜欢把自己的脸也画进去一样。

嗯？

*测试版（Beta Version）：软件正式发布前，用于测试目的的版本。

可是这个世界的统治者是路西法呀。

虽然一般都叫他创世主……

我的意思是，可能是更早的世界的管理者，

相当于测试版*的管理员。

更早的世界？

路西法称霸数学世界之前的……

我知道了！

啊啊啊？ 真是你吗？

别，别西卜？

......

既然知道了，那你们得对我恭敬点才是啊！

现在的小孩儿真没礼貌。

哎......

......

声音和语气也和爸爸一模一样，

真想叫爸爸呀！

我认识的别西卜明明是长这样的……

可是……

那是和路西法交战时候的样子。

因为这张脸实在没有威严感，

所以交战时把自己变成适合打仗的形象。

还挺了解自己的嘛。

不过……

抚抚

这位老人家是谁?

哦，他是贤者大人。

是他带我们来黑暗峡谷的。

贤者?

嗯，贤者……

不是吧?

啊?

我只在战斗的时候换过一次形象，

他不认识我现在的脸，却记得那时候的脸。

无所不知的贤者怎么会不知道我是什么样子？

只有一种可能，他不是贤者而是路西法的手下！

什么？

路西法的手下？

不是的。

那位是给我们带路的贤者大人啊！

哼。

……

唉……

这么完美的伪装居然被识破了!

别西卜果然精明啊!

虽然路西法大人交代过无论如何都要避免交战……

咕咚!

咔嗒!

我，光战士加布里尔还是要测试一下你的能耐，当年消灭了怪兽军团一半兵力的别西卜！

光战士？

不是真的吧？

就知道会是这样。

躲开，主人！

哐当

啊！

可恶的骷髅！

啪

啪

一会儿再收拾你，闪开！

啊！

巴尔扎克！

嗯？

火焰！

这是摄氏十万度的火焰魔法,怎么样?

你……进步好大呀。

呵呵!

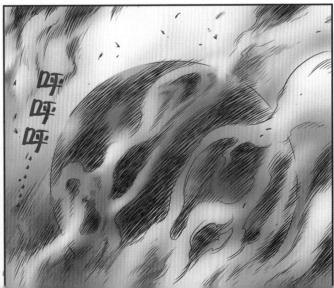

咔啊

啪

咔

抓紧！

啪

一会儿再收拾你们，等着吧。

！

路西法大人最强劲的敌人！

巫师别西卜！

嗒嗒

嗒嗒

……

我有能把金刚石变成粉末的力量，你抵挡得了吗？

嗡嗡

咗咗咗

菲奥娜，你在干什么？

正在算数学题呢，怎么了？

先把题目放着，我要给你传送数据，

你来计算这个球体的表面积。

好，知道了。

计算公式是：
$$S = 4 \times \pi \times r^2$$

好，辛苦了。

第二章　菲奥娜公主

目前为止，还没有一个人能承受我一百万吨重量的攻击。

怎么样，别西卜？还能站起来吗？

$s=4 \times \pi \times r^2$
$r=95$
$s=4 \times 3.14 \times 95 \times 95$
$=\cdots\cdots$

嗯？

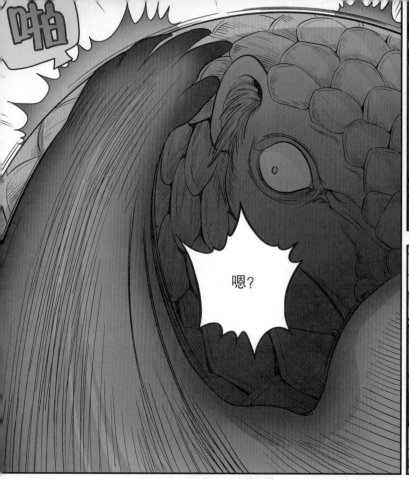

嗯?

哇哦!

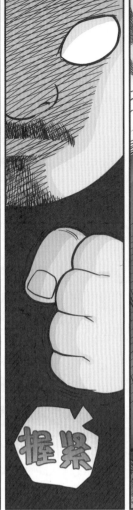

握紧

挣扎也没用。

那是完全符合你表面积的密码文件包。

解密之前你都无法逃脱。

……

一个路西法的手下，竟敢对我无理，这是你应受的惩罚。

在路西法都无法搜索到的黑暗中永远反省自己吧。

......

！

哇哦！

呜!

爸,你太帅了!

哇哇!

我说过没有你这样的儿子!

吭当!

......

* 间谍软件(spyware):潜入计算机内部,获取信息的软件。

不过,你们又是谁呢?

没带间谍软件*,不像是路西法的间谍啊。

......

还有那个家伙,跟你们是一伙儿的吗?

你们来自"外面的世界"？

是的！

所以说……

嗯，很难相信啊。

是真的。

请相信我们！

你们是谁跟我没关系。

我得走了，菲奥娜在等我呢。

啊？

就这么走了？

为什么要帮你们？

不帮我们回到外面的世界吗？

啊？

可是……

如果你们真不是路西法的间谍，你们还得感谢我救你们一命啊！

......

我告辞了！

等等，那个……

菲奥娜公主！

您刚才说的菲奥娜公主是数字之国的公主吗？

你怎么知道？

咔嚓

进来吧。

……

这里居然有门?

咚

这里就是黑暗峡谷吗？

什么？说我绑架了菲奥娜？

难道不是吗？

当然不是啦！

啊？

菲奥娜，我回来了。

才回来啊。

哦，有客人哪。

什么?

父王和母后都在找我?

那我得回去了。

什么?

嘿嘿。

菲奥娜,你在说什么?

你不是因为数字之国太无聊才跟我来这儿的吗?

是啊。

我以为跟您来到这儿会很好玩,

结果还是每天做数学题,一样很无聊。

是吗?

......

你想要什么?都听你的。

你怎么不早说呀!

不要什么了。

我也想念父王母后......想回去了。

哎。

这,这个......

跟刚才判若两人啊。

那种表情跟爸爸一模一样。

说的是啊......

他和路西法为同一个目的而诞生，性格却截然相反。

其实他完全可以强迫菲奥娜服从自己，可他却没那么做。

很人性化。

或许正是因为如此，他最终没被选为"统治者"吧。

您答应过我可以随时回去的。

是答应过。

她要走就让她走吧。

天天让她做数学题，您自己做不行吗？

不懂就别乱说话！

啊！

自从上次和路西法交战后，我的计算能力严重受损，没有别人的帮助，就无法使用高难度魔法！

这样呀。

你要走，能不能给我推荐其他人来当助手呢？

最好是领主以上的级别。

其他人？

要是他们知道这里这么无聊，恐怕都不愿意来。

……

领主？

怎么?

她是数字之国的领主?

是啊!

嘿嘿。

数字之国最年轻的领主,是个天才哦。

其实……

哦哦!

哇,好棒啊!

您就把公主送走吧,由我们这些实力派来帮您好了。

那好吧!

对不起啊,菲奥娜。没想到让你觉得这么无聊。

没事,对我来说这是一次很好的经历嘛。

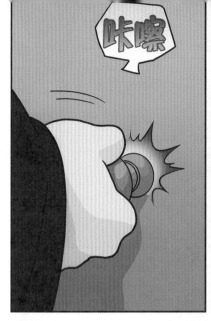

咔嚓

走好!

谢谢你。

再见。

……

啊,菲奥娜!

公主!

呃啊!

嘻嘻!

!

是朕产生幻觉了吗?

不是的,父王。

公主,您是从哪儿冒出来的呀?

这是奇迹!

咚

哇哦!

好像看到了数字之国的国王。

咚咚

哼。

……

那么，现在……

我要考验一下最年轻的领主了。

考验？

没问题。

我就从菲奥娜整理的数学书里找题目。

可是，万一答错了怎么办？

啊！

三角形按角的大小分成几类？

啊？

分为"直角三角形""锐角三角形"和"钝角三角形"这三种。

！

嗯，这个问题太简单了。

我要提高难度。

假设多边形的边数为 n，多边形内角和是多少啊？

？

！

$(n-2) \times 180°$

正确！

答对了？

还好。

喂喂！别乱回答！

吓到我了

那多边形的对角线有多少呢?

假设边数依然为 n。

我知道。$\dfrac{n(n-3)}{2}$ 条。

果然厉害嘛。

正确!

又对了?

嘿嘿。

叮咚……

最后一道题!

半径为5cm的圆,周长是多少啊?

5cm

这个会不会太简单了啊?

这个,我不知道。

还没学到圆呢。

哦，是吗？

不知道？

是的，不好意思。

糟了！

你说什么？天才会连这么简单的问题都不懂吗？

利用圆周率不就很简单吗？

圆周率？

我用尺子量一下行不行啊？

？

什么？尺子？！

角和角度

角是由两条有公共顶点的射线组成的图形，右图中的点 B 是角的顶点，射线 BA 和 BC 是角的边。这个角叫作角 ABC 或角 CBA，也可以简单叫作角 B。

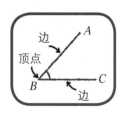

角的大小用角度表示。和右图中的三角尺完全吻合的角 ABC 叫作直角。把直角等分为 90 份，其中的一份叫作 1 度，写成 1°。一个直角是多少度呢？当然就是 90°。

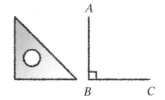

角的分类

根据角度的大小，角可以分三类。上面讲到直角是 90°。小于 90° 的角叫作锐角，大于 90° 小于 180° 的角叫作钝角。

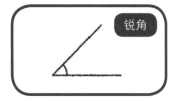

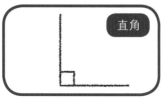

三角形的分类

三角形三个内角中有一个为直角的三角形叫作直角三角形，一个内角为钝角的三角形叫作钝角三角形，三个内角都是锐角的三角形叫作锐角三角形。

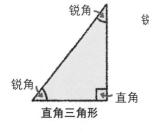

直角三角形

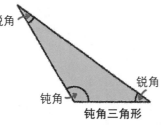

钝角三角形

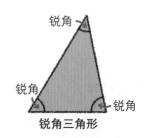

锐角三角形

● **道奇的问题** （难易程度：四年级上学期）

下图中一共有几个锐角三角形?

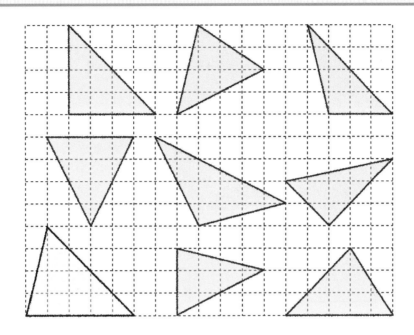

● **达莱的问题** （难易程度：四年级上学期）

下图中一共有几个钝角三角形?

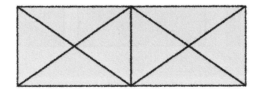

● **智妮的问题** （难易程度：四年级上学期）

当分针指向12的位置的时候，由时针和分针组成的角为钝角的情况，一天中会有几次呢?

五个

锐角三角形是三个内角均为锐角的三角形，如下图。

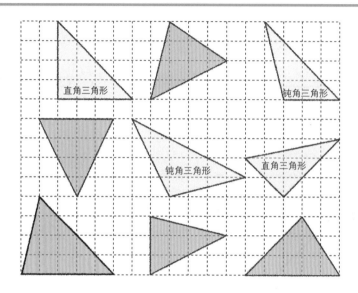

六个

钝角三角形是一个内角为钝角的三角形。在下图中能找到四个小的钝角三角形和两个大的钝角三角形。

八次

上午四点、五点、七点、八点和下午四点、五点、七点、八点的时候，由时针和分针组成的角为钝角。

第三章 道奇的小诡计

我听了你的话，把最佳助手送走了！

?

现在该怎么办？

……

什么？

要不，把菲奥娜公主请回来如何？

那像话吗，你们这些家伙！

啊！

都送走了怎么能再请回来，你以为我和你一样是骗子吗？

而且，我让公主来她就能来吗？

那，那个……

怎么了？

我刚才以为，菲奥娜公主整理的这本书，

给我点时间我就可以学会的。

真的吗？

结果我错了。

我根本看不懂这些象形文字。

你……是不是在开玩笑啊？

不，不！怎么会呢……

哦，知道了！

我知道解决方法了！

请把我们送回"外面的世界"吧。

那就可以轻松解决问题了！

外面的世界?

是的，那里有很多数学书，和菲奥娜公主整理的内容一样。

而且，那里还有很多比这个更难的数学书，是吧，达莱?

啊?

是的。

智妮姐姐也知道的！

参考书之类的吗?

对啊！

......

可是……

呜！

反正，有了那些书就能轻松解决问题。

啊，怎么是我的声音？

天啊，道奇你居然有如此奇妙的想法！

模仿了达莱的声音再模仿我的声音！

……

够啦！都起鸡皮疙瘩了！

你以为这样演戏行得通吗？

嘘！

嗯，那就是说……

看了从外面的世界拿来的参考书，数学能力就能超过菲奥娜，对吗？

哈哈哈

哇！果然是大魔法师！理解能力超级棒哟。

信，信了……

喀！

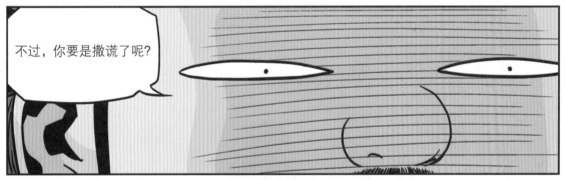

不过，你要是撒谎了呢？

你们是不是想，到了外面的世界就不再回来了？

……

还是算了吧。

呼！

嗯？

既然你怀疑我们，那我们就不出去了。

开玩笑，开玩笑啦！

道奇的心理战术成功！

嘿嘿

嗒

那好吧……

把眼睛闭上再睁开，你们就会到达想去的地方！

……

那么简单？

出去之后，不要忘了我们的约定啊。

……

喀喀
喀喀

呃！啊啊啊！

是真的，是真的！

万岁！

终于回到现实世界了！

？

不，现在还不是高兴的时候。

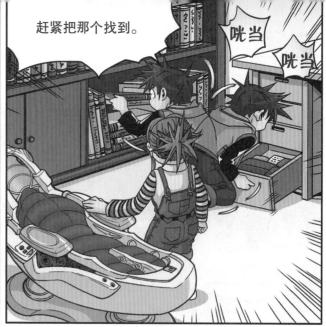

赶紧把那个找到。

吭当 吭当

嗯，赶紧拿着参考书回去吧。

我也找找我的。

这些应该够了吧？

……

吭当

哐

你一本也没找到吗?

……

啊!

干什么?

你想干什么?

我要找的可不是那些……

在这里!

找到了！

和爸爸一起搭建狗窝的时候用过的工具箱。

那不是锤子吗？

是啊。

我找它是为了……

不找参考书，找那个东西干吗？

当然是为了不回去
才砸的呀!

什么?

呵哈哈哈!

咣

咣咣咣

你是不是一开始就不想
遵守约定?

约定?什么
约定?

跟游戏人物的约定
也算约定吗?

嘿嘿嘿。

大惊

嗯?

也就是说……

啊哈哈?

啪啦

一开始你就没打算遵守约定，是吗?

太可怕了!

是那个意思吧。

我理解的对吗?

……

……

完了……

都赖那个家伙，最后的希望都破灭了。

冷，冷静，达莱。

可恶！

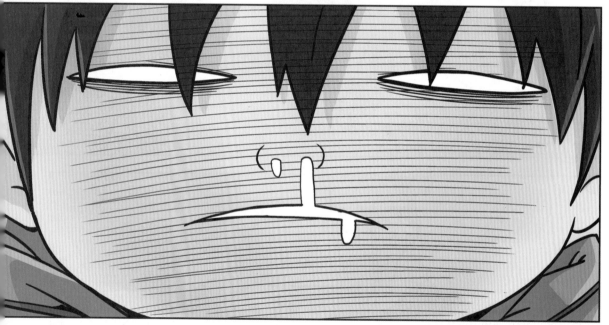

欺骗我的代价是，要把你变成虫子！

呜呜！

给你最后一次辩解的机会，郭道奇！

如果解释合理，没准儿我会原谅你……

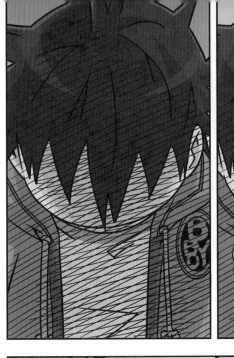

扑味

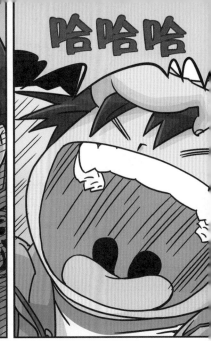

哈哈哈

哎，您这么当真，我都没办法继续演下去啦。

本来想让您大吃一惊的。

我的个人秀如何呀？好看吗？

哈哈哈哈

不好看！

......

唉！！

软乎乎

软乎乎

哗啦

等等，等等！
其实是为了修
游戏机我才用
锤子的！

活该！

有你好受！

哼！

?

第四章　寻找分身

刚才太过分，得不到原谅怎么办啊？

完了，完了。

如果是我也不会原谅他的。

哼！

你能对刚才说的话发誓吗？

！

发誓，发誓！我向天地神明发誓！

既然都发誓了……

啊？

嘘

呼

嘘

嘘

嘘

下次再犯，决不饶恕！

是，是！当然了！谢谢您，主人！

没想到这么容易就原谅他了。

？

真的跟道奇爸爸的性格一模一样啊，叔叔心肠也很软。

真是万幸啊！

嘿嘿……

那，现在还把我们送回家吗？

不行！

啊？

我都发誓了，还不相信我吗？之前说的原谅是骗我的吗？

这个家伙……

太无耻了。

说实话，以我现在的能力没法把你们送回去。

什么？！

什么意思？

……

把你们送回去，要动用我所有的能力，可我现在的状态很糟糕啊。

在我完全恢复之前是不可能的。

怎么会这样？

那怎样才能完全恢复呢？

要找到我散落在各地的分身。

并且，少一个也不行。

分身？

类似系统恢复吧？

虽然现在已经找到了大部分的分身，但能发挥的能力却不到原来的一半。

想恢复原状是非常困难的。

最近，菲奥娜帮了我不少忙，

帮我找到了大部分的分身。

唉！

！

要不，再把她绑架回来吧？

别以为我跟你一样没良心！

而且菲奥娜不是被绑架来的，她是自愿来帮我的！

丁零 丁零 丁零

嗯？

发现分身！发现分身！

啊！

位置呢?

分数之国的边缘地带。

分数之国?

?

数字之国领主的名字叫达莱,对吧?

是……

你到菲奥娜的桌上待命。

在那儿可以和我联络。我一旦呼叫你,你就马上算题,再告诉我答案。

好,知道了。

那好……

叮

等，等等！

我可以跟您去吗？

嗯？

为什么？

也许能帮到您呢，嘿嘿。

你不会是怕我不回来，又要耍诡计吧？

呃……

真的只是想帮您！我是魔法师，而且在笨人国还是……

魔法师？

你真的是魔法师?

啊?

是啊，我是大魔法师普利亚斯的弟子。

哦，是吗?

那说不定能帮上忙。

好，你跟我来吧。

哈!

咔嚓

咣

瞬间移动的能力真是帅呆了。

这跟我之前的能力相比，算不上什么。

哼。

嘶

向右走，向右走。

丁零 丁零

呵呵！

……

怎么了？

难道……

你不觉得这个很神奇吗？

嗯！

这个跟我们世界的导航仪相比，太原始了。

或者说太简陋了。

哦，是吗？

啪

干吗呢？还不赶紧过来。

生气！

走着呢！

干吗发火呀？

……

感觉阴森森的。

前行！
前行！

隧道长
$\frac{1}{4}$
KM

绕过去可能要花很长时间，先进去看看吧。

隧道长
$\frac{1}{4}$
KM

$\frac{1}{4}$ km？

$\frac{1}{4}$ km 不就是 250m 吗？为什么非得用分数表示呢？

！

分数之国的特点，就是所有数据都用分数表示。

所以才被叫作分数之国啊。

也可以这么说吧。

你的计算速度挺快的呀，看来数学还可以嘛。

哎，那些不过是基本常识，我还曾经被称为数学天才呢。

哈哈！

……

这家伙的话还能信吗？

果然出现了！诡异的密码门！

嗯……

！

要想通过此门，请算出 $\frac{1}{2} \div \frac{1}{2}$ 的正确答案。

1 $\frac{1}{2}$ $\frac{1}{4}$ $\frac{1}{8}$

算出正确答案才能把门打开。

是谁施了魔法吗？

跟图形之国的密码门类似哦，难道这也是师傅设计的吗？

达莱，听得见吗？

嗯，听得很清楚。

快点计算 $\frac{1}{2} \div \frac{1}{2}$ 的结果是多少。

是这个。

喂，你按了什么？

啊？

$\frac{1}{4}$ 呀。

达莱还没算完呢，你怎么可以随便按？

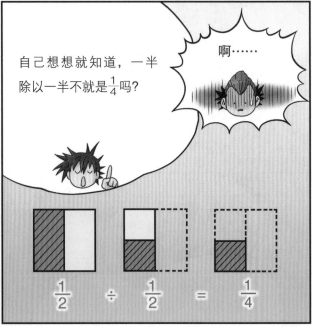

自己想想就知道，一半除以一半不就是 $\frac{1}{4}$ 吗？

啊……

$$\frac{1}{2} \div \frac{1}{2} = \frac{1}{4}$$

看,门要开了!

哇!

别西卜叔叔,算完了。
要告诉您答案吗?

不用了!道奇
刚算完。答案
是$\frac{1}{4}$。

什么?

不对啊!

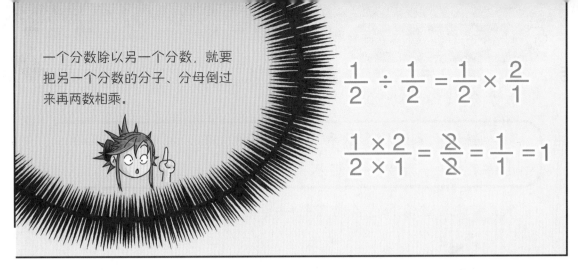

一个分数除以另一个分数，就要把另一个分数的分子、分母倒过来再两数相乘。

$$\frac{1}{2} \div \frac{1}{2} = \frac{1}{2} \times \frac{2}{1}$$

$$\frac{1 \times 2}{2 \times 1} = \frac{2}{2} = \frac{1}{1} = 1$$

所以答案是1。

呃，是这样啊……

呜哇！

呸！

愤怒

愤怒

肯定没算错啊，一定是这门有故障。我再去试试。

你一定要按$\frac{1}{4}$，知道吗？

同分母分数的加减法

> 智妮带来两块形状和大小一样的蛋糕，把一个蛋糕的 $\frac{4}{8}$ 给了道奇，把另一个蛋糕的 $\frac{3}{8}$ 给了达莱。

1）智妮给道奇和达莱的蛋糕一共是多少？

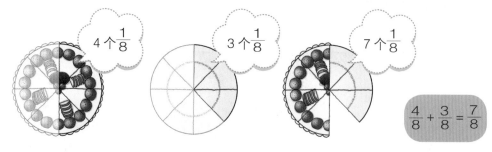

$$\frac{4}{8} + \frac{3}{8} = \frac{7}{8}$$

不能把分母相加，分子相加，得出 $\frac{4}{8} + \frac{3}{8} = \frac{7}{16}$。4 个 $\frac{1}{8}$ 加 3 个 $\frac{1}{8}$ 变成 7 个 $\frac{1}{8}$，所以 $\frac{4}{8} + \frac{3}{8} = \frac{7}{8}$。以此逻辑，同分母的分数相加时只把分子相加，分母不变。

2）道奇得到的蛋糕比达莱得到的蛋糕大多少？

$$\frac{4}{8} - \frac{3}{8} = \frac{1}{8}$$

同分母的分数相减，也只要把分子相减，分母不变。道奇的蛋糕比达莱的蛋糕大 $\frac{1}{8}$。

异分母分数的加减法

$$\frac{3}{5} + \frac{4}{7} = \boxed{} \qquad \frac{3}{5} - \frac{4}{7} = \boxed{}$$

异分母分数相加减，首先需要通分。先把异分母换成同分母，再用上述的同分母分数加减法，分子相加减，分母不变。

$$\frac{3}{5} + \frac{4}{7} = \frac{3 \times 7}{5 \times 7} + \frac{4 \times 5}{7 \times 5} = \frac{21}{35} + \frac{20}{35} = \frac{41}{35} = 1\frac{6}{35}$$

$$\frac{3}{5} - \frac{4}{7} = \frac{3 \times 7}{5 \times 7} - \frac{4 \times 5}{7 \times 5} = \frac{21}{35} - \frac{20}{35} = \frac{1}{35}$$

> 分母、分子同时乘以不等于 0 的数，把几个异分母分数化成与原来分数相等且分母相同的分数，这叫通分。

● **道奇的问题** (难易程度：五年级上学期)

在道奇的比萨店，客人可以随意挑选切成小块的各种口味的比萨拼成一盘。请从下列四种口味的比萨里任选两种拼成一盘，并用分数表示。

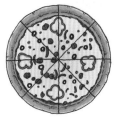

烤肉比萨

土豆比萨

至尊比萨

虾仁比萨

把你们挑选的拼法画出来。

● **达莱的问题** (难易程度：五年级上学期)

在大小相同的两个杯子里分别倒入 $\frac{3}{5}$ 和 $\frac{1}{3}$ 的橙汁。如果把一个杯子里的橙汁倒入另一个杯子里，能装满这个杯子吗？

● **智妮的问题** (难易程度：五年级上学期)

在容量为 $5\frac{5}{9}$ 升的水桶里，达莱倒入 $2\frac{7}{8}$ 升水，道奇倒入 $1\frac{1}{3}$ 升水，智妮要倒入多少升水才能装满这个水桶呢？

● 以下是部分拼法的示意图。

$$\frac{2}{8} + \frac{3}{4} = \frac{8}{8} = 1$$

$$\frac{4}{8} + \frac{2}{4} = \frac{8}{8} = 1$$

$$\frac{6}{8} + \frac{1}{4} = \frac{8}{8} = 1$$

$$\frac{2}{6} + \frac{2}{3} = \frac{6}{6} = 1$$

$$\frac{4}{6} + \frac{1}{3} = \frac{6}{6} = 1$$

● 不能装满。

$$\frac{3}{5} + \frac{1}{3} = \frac{9}{15} + \frac{5}{15} = \frac{14}{15}$$

> 两个杯子里的橙汁加起来是 $\frac{14}{15}$ 杯，不能装满杯子。

● $1\frac{25}{72}$ 升

> 达莱和道奇倒入的水量是 $2\frac{7}{8} + 1\frac{1}{3} = 2\frac{21}{24} + 1\frac{8}{24} = 3\frac{29}{24}$ $= 4\frac{5}{24}$ ，所以是 $4\frac{5}{24}$ 升。要想装满容量为 $5\frac{5}{9}$ 升的水桶，$5\frac{5}{9}$ $- 4\frac{5}{24} = 5\frac{40}{72} - 4\frac{15}{72} = 1\frac{25}{72}$ ，智妮要倒入 $1\frac{25}{72}$ 升的水。

第五章　分数之国

哇哦！

......

前面也是分数之国吗？

跟隧道后面的树林完全不一样哦。

快要按 $\frac{1}{4}$ 的时候，突然明白过来。

分数的除法是要把除数的分子与分母倒过来相乘的。

嘿嘿

你没按 $\frac{1}{4}$，按了 1 对吧？

呼

呼

啊，你知道呀。

真的是"突然"想明白的？

是不是偷听了我和达莱的对话？

怎么会呢？

嗯？ 看着我的眼睛说话。

啊！

等等，那就是说别西卜叔叔也知道答案是 1 对吗？

那为什么刚才让我按 $\frac{1}{4}$ 呢？

阿阿

唰

该不会是想让我一个人被泼水吧？

不会吧？是不是？

喂喂！没时间了！赶紧走！

不对啊，该挨骂的是那小子，怎么反倒是我被他质问？

……

您明明知道答案是1，怎么就……

喂，别再说了！

……

喀喀！

反，反正……

有可能还会遇到类似的问题，你得好好学习分数。

别再出现失误。

我是天才，绝不会有第二次失误。

达莱，听得见吗？

是。

怎么样，可以吗？

嗯，分数的大部分知识在学校学过，加上看了菲奥娜公主整理的资料，没问题的。

好极了！

你也能听见达莱的声音吗？

是，刚才就能听见。

其实也就是刚才……
穿过隧道之后啦。

啊哈哈……

这家伙！

忍……

现在开始吗？

哦……好。

拜托你了，达莱。

是，知道了。

呼哧……

道奇，你本来就不擅长分数的运算，借此机会好好学学吧！

哼！

首先，分数是表示整体中的部分的数。

整体叫分母，部分叫分子。

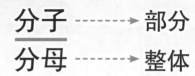

分子 -------→ 部分
分母 -------→ 整体

∴ 全部苹果中红苹果的数量

= 红苹果的数量 / 全部苹果的数量 = $\frac{1}{3}$ ——→ 分子（部分）
——→ 分母（整体）

（自然数）÷（自然数）的除法也可用分数表示。

例如，把三个苹果等分给两个人，就要先给每个人各分一个苹果，再把第三个苹果切成一样大的两半，再分给这两个人，所以每个人拿到的苹果数量都是 $1\frac{1}{2}$。3÷2 也可以用 $1\frac{1}{2}$ 这样的分数表示。

$= 3 \div 2 = \frac{3}{2} = 1\frac{1}{2}$

利用分数进行数量计算，在日常生活中随处可见。

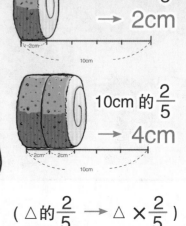

10cm 的 $\frac{1}{5}$
——→ 2cm

假设吃掉了 10cm 长的面包的 $\frac{2}{5}$，吃掉的量等于是把面包五等分后的其中两块。10cm 的 $\frac{1}{5}$ 是 2cm，2 个 $\frac{1}{5}$ 是 4cm，所以吃掉了 4cm 的面包。

10cm 的 $\frac{2}{5}$
——→ 4cm

（ △ 的 $\frac{2}{5}$ ——→ △ $\times \frac{2}{5}$ ）

此外，分数的应用还包括用一个作为标准的量去度量另一个量……

困啊……

嗯?

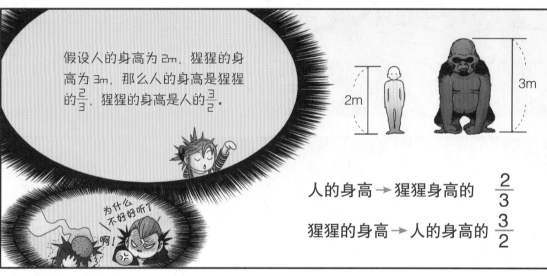

假设人的身高为2m，猩猩的身高为3m，那么人的身高是猩猩的 $\frac{2}{3}$ ，猩猩的身高是人的 $\frac{3}{2}$ 。

为什么不好听?

啊!

人的身高 → 猩猩身高的 $\frac{2}{3}$

猩猩的身高 → 人的身高的 $\frac{3}{2}$

分数分为真分数、假分数和带分数，这点你也知道吧?

哼!

认真回答

真分数：分子小于分母的分数（大于0小于1的数）
$\frac{1}{2}$, $\frac{1}{3}$, $\frac{2}{5}$, $\frac{99}{100}$, …
假分数：分子大于或等于分母的分数（大于或等于1的数）
$\frac{2}{2}$, $\frac{5}{4}$, $\frac{11}{7}$, $\frac{101}{100}$, …
带分数：自然数和真分数的和（假分数都可以用带分数表示）
$1\frac{1}{2}$, $2\frac{2}{5}$, $3\frac{5}{13}$, …

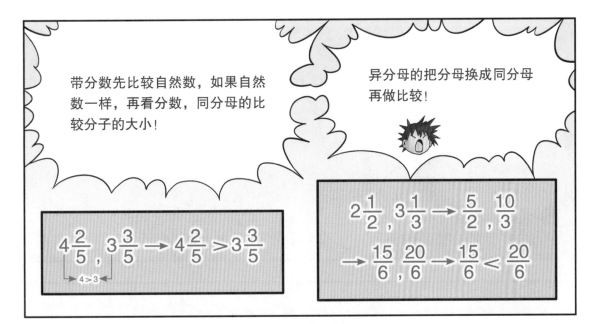

带分数先比较自然数，如果自然数一样，再看分数，同分母的比较分子的大小！

异分母的把分母换成同分母再做比较！

$$4\frac{2}{5}, 3\frac{3}{5} \rightarrow 4\frac{2}{5} > 3\frac{3}{5}$$

$4 > 3$

$$2\frac{1}{2}, 3\frac{1}{3} \rightarrow \frac{5}{2}, \frac{10}{3}$$

$$\rightarrow \frac{15}{6}, \frac{20}{6} \rightarrow \frac{15}{6} < \frac{20}{6}$$

……

哟嗬，懂得不少啊！

没想到基本概念都很清楚哦。

通过！

怎么样？

那刚才怎么就算错了啊？

那是失误！

猴子也有从树上掉下来的时候嘛！

哼哼……

分数的分类

分数分为真分数、假分数和带分数。

> 分数线下面的数叫作分母，分数线上面的数叫作分子。
>
> $$分数线 \rightarrow \dfrac{2 \leftarrow 分子}{3 \leftarrow 分母}$$

真分数　分子小于分母的分数叫作真分数，例如 $\dfrac{1}{3}$，$\dfrac{2}{3}$，$\dfrac{3}{4}$。真分数是真正的分数。真分数大于 0 小于 1。$\dfrac{0}{3}$ 是真分数吗？$\dfrac{0}{3}$ 的分子小于分母，看着像真分数吧？不过，$\dfrac{0}{3}$ 等于 0，而真分数大于 0，所以 $\dfrac{0}{3}$ 不是真分数。

假分数　分子大于或等于分母的分数叫作假分数，例如 $\dfrac{3}{3}$，$\dfrac{4}{3}$，$\dfrac{5}{4}$，$\dfrac{7}{5}$。假分数大于或等于 1。比较分数大小或者做分数计算的时候，可以把带分数换成假分数，使计算更加简单。

带分数　由自然数和真分数组成的分数叫作带分数，例如 $1\dfrac{2}{3}$，$7\dfrac{4}{5}$，$3\dfrac{7}{9}$。之所以叫作带分数，是因为分数旁边加上自然数看起来像戴了腰带。

> **单位分数**
>
> 分子为 1 的真分数叫作单位分数，例如：$\dfrac{1}{2}$，$\dfrac{1}{3}$，$\dfrac{1}{4}$。

> **既约分数**
>
> 分子、分母只有公因数 1 的分数叫作既约分数，例如：$\dfrac{1}{2}$，$\dfrac{2}{3}$，$\dfrac{8}{9}$。

● **道奇的问题**（难易程度：四年级上学期）

把下列分数按真分数、假分数和带分数进行分类。

$\frac{5}{5}$ $5\frac{5}{8}$ $\frac{2}{3}$ $\frac{25}{20}$ $\frac{21}{24}$

$1\frac{2}{9}$ $\frac{50}{50}$ $\frac{15}{6}$ $\frac{10}{7}$ $\frac{6}{18}$

$\frac{1}{4}$ $10\frac{5}{10}$ $\frac{11}{15}$ $3\frac{2}{5}$ $\frac{1}{9}$

真分数

假分数

带分数

● **达莱的问题**（难易程度：四年级上学期）

写出同时满足以下两个条件的分数。

● 分母为 8 的假分数

● 大于 $4\frac{3}{8}$ 小于 $4\frac{7}{8}$ 的分数

● **智妮的问题**（难易程度：四年级上学期）

3、5、7、9 四张卡各用一次，能组成的最大带分数是什么？

 3 **5** **7** **9**

真分数	假分数	带分数
$\dfrac{2}{3}$ $\dfrac{21}{24}$ $\dfrac{6}{18}$ $\dfrac{1}{4}$ $\dfrac{11}{15}$ $\dfrac{1}{9}$	$\dfrac{5}{5}$ $\dfrac{25}{20}$ $\dfrac{50}{50}$ $\dfrac{15}{6}$ $\dfrac{10}{7}$	$5\dfrac{5}{8}$ $1\dfrac{2}{9}$ $10\dfrac{5}{10}$ $3\dfrac{2}{5}$

$\dfrac{36}{8}$, $\dfrac{37}{8}$, $\dfrac{38}{8}$

大于 $4\dfrac{3}{8}$ 小于 $4\dfrac{7}{8}$ 的分数中分母为 8 的分数有 $4\dfrac{4}{8}$, $4\dfrac{5}{8}$, $4\dfrac{6}{8}$。把这些带分数换成假分数就是 $\dfrac{36}{8}$, $\dfrac{37}{8}$, $\dfrac{38}{8}$。

$97\dfrac{3}{5}$

3 5 7 9 四张卡各用一次组成最大的带分数，先要找出最大的自然数。在四张卡中，用 **7** 和 **9** 组成 97 是最大的自然数，再用 **3** 和 **5** 组成真分数 $\dfrac{3}{5}$。因此，最大的带分数为 $97\dfrac{3}{5}$。

第六章
假分数和真分数

什么?

你俩各投资几只羊,后来羊的数量增加了……

现在你们在如何分配增加的羊的数量上出现了分歧。

是吗?

是的!

增加的数量是奇数吗?

不,是偶数。

因为正好增加了投资数量的两倍。

两倍，两倍是偶数对吧？

是，不管是奇数还是偶数，乘2都变成偶数。

投资的比例不一样吗？

不。

是一样的比例。

那就各分一半好了。

我们还有事，就先告辞了。

等，等会儿！

不是说好给我们解决的吗？

先听听我俩的意见，再判断对错吧！

各分一半不行吗?

绝对不行!

……

到底怎么回事啊?

我也好奇。

那我先说。

$\frac{2}{5} + \frac{4}{10}$ 是多少?

会是多少?

怎么突然来个分数加法呢?

等会儿,这种问题要问达莱。

达莱,听得见吗?

干吗呢，你小子！

竟敢拦着我！

哼！

这么简单的问题还用问达莱吗？

……

这种题我自己能搞定。

是 $\frac{2}{5} + \frac{4}{10}$ 对吧？

你要是算不出来……

忍……

嗯嗯。

$\frac{4}{10}$ 的分子和分母都除以 2 得到 $\frac{2}{5}$ ……

分数加减法很简单。首先把分母通分后换成同分母，再做分子的加减。

$$\frac{2}{5} + \frac{4}{10} = \frac{2}{5} + \frac{2}{5}$$

$$= \frac{2+2}{5} = \frac{4}{5}$$

$\dfrac{4}{10}$ 约分后得到 $\dfrac{2}{5}$，所以，

$\dfrac{2}{5}$ 等于 $\dfrac{4}{10}$。

那 $\dfrac{8}{10}$ 的两倍呢?

那就是 $\dfrac{8}{10} \times 2 = \dfrac{16}{10}$。

是 16 只吧? 小子! 那 4 只藏哪去了? 还敢撒谎!

?

我没撒谎!

到底是怎么回事嘛?

这些人不考虑分母，只争论分子哦。

所以说……

你有 5 只羊，拿出 2 只投资。

是。

你有 10 只羊，拿出 4 只投资，对吧？

对。

这种情况下……

你们总共投资了 6 只羊，两倍就是 12 只。

12 只是正确的！

什么？不可能！

$\frac{2}{5}$ 加 $\frac{4}{10}$……

$\frac{4}{5}$ 呀。

$\frac{8}{10}$ 呀。

怎么会是 12 只呢？

哎……

6是自然数，你们非得用分数计算，问题才会变复杂呀！

你们这些家伙……

你投资了2只，得4只！

……

对吧？

对。

124

你投资了4只，得8只！

......

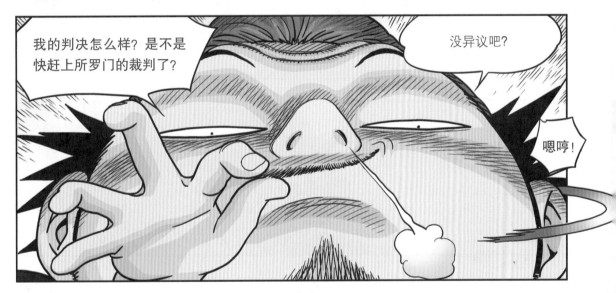

我的判决怎么样？是不是快赶上所罗门的裁判了？

没异议吧？

嗯哼！

你们这些可恶的家伙……

小心把你们变成虫子！

哼，感觉损失了很多……

还不如我们自己解决呢，那样至少一个人能满足。

嘟嘟嚷嚷

自古以来，数学是……

为了把复杂的问题简单解决而创造的学问。

从简单的数字计算到探索太空……

哼！

即使是在分数之国，如果非要把简单的自然数写成分数，并且让计算变得复杂，那学数学还有什么意义？

什么分数之国，我看是白痴之国。

……

啧啧

看来很不开心哦。

那种孩子气也跟爸爸一模一样。

扑哧

什么?

啊?

刚才说什么了?

呃啊!

又多嘴了!

咕噜咕噜……

居然无视我的判决，还在为不像话的分数计算而打架！

咳咳

哎呀，我们罪该万死。

……

饶我们一次吧。

……

好，那这样吧。

如果你们如实回答我一个问题，我会考虑的。

4只和8只是正确答案。

是，是！请饶了我们吧。

哼哼，我要问的可不是那个！

129

鬼洞？

如果能成功从那里面出来，所有带进去的东西出来后都会变成原来的两倍。

对，千真万确！

但是，如果不小心就出不来了，所以最近都没有人敢进去。

！

是真的，请饶了我们吧。

能让东西翻倍的鬼洞。

看来是我的分身干的事。

难道那些分身已经开始发挥魔力了吗?

问题严重了呀。

......

感觉头比原来大了$\frac{1}{77}$哦。

动起来很别扭。

我的右边胳膊好像比原来短了$\frac{1}{113}$mm呢。

要不要让你们做一辈子的虫子啊?

● **分数乘法的秘密**

$\boxed{\dfrac{3}{8} \times 7}$

3×4 等于四个 3 相加，因此 $\dfrac{3}{8} \times 7$ 等于七个 $\dfrac{3}{8}$ 相加。

$$\dfrac{3}{8} \times 7 = \dfrac{3}{8} + \dfrac{3}{8} + \dfrac{3}{8} + \dfrac{3}{8} + \dfrac{3}{8} + \dfrac{3}{8} + \dfrac{3}{8} = \dfrac{3+3+3+3+3+3+3}{8} = \dfrac{3 \times 7}{8} = \dfrac{21}{8} = 2\dfrac{5}{8}$$

因此，$\dfrac{3}{8} \times 7 = 2\dfrac{5}{8}$。

$\boxed{\dfrac{1}{3} \times \dfrac{1}{4}}$ 是求 $\dfrac{1}{3}$ 的 $\dfrac{1}{4}$ 是多少。

黄色部分是整体的 $\dfrac{1}{3}$。

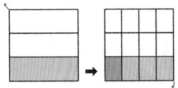

$\dfrac{1}{3}$ 的 $\dfrac{1}{4}$ 是把黄色部分 4 等分后的其中的 1 个部分。

蓝色部分是 $\dfrac{1}{3}$ 的 $\dfrac{1}{4}$。相当于是把整体 12 等分后的其中的 1 个部分，因此 $\dfrac{1}{3} \times \dfrac{1}{4} = \dfrac{1}{12}$。

$$\dfrac{1}{3} \times \dfrac{1}{4} = \dfrac{1 \times 1}{3 \times 4} = \dfrac{1}{12}$$

$\boxed{\dfrac{3}{7} \times \dfrac{2}{5}}$ 是求 $\dfrac{3}{7}$ 的 $\dfrac{2}{5}$ 是多少。

整体的 $\dfrac{3}{7}$ 是把整体 7 等分后其中的 3 个部分，用红色表示。

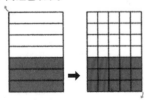

$\dfrac{3}{7}$ 的 $\dfrac{2}{5}$ 是把红色部分 5 等分后其中的 2 个部分。

紫色部分是把整体 35 等分后其中的 6 个部分，以 $\dfrac{6}{35}$ 表示。因此，$\dfrac{3}{7} \times \dfrac{2}{5}$ 是 $\dfrac{6}{35}$。

$$\dfrac{3}{7} \times \dfrac{2}{5} = \dfrac{3 \times 2}{7 \times 5} = \dfrac{6}{35}$$

在上述三个分数乘法中找到共同点了吗？分数乘法是分子与分子相乘，分母与分母相乘。

● **道奇的问题**（难易程度：五年级上学期）

　　道奇在农田面积的 $\frac{2}{5}$ 部分种了生菜，在剩下面积的 $\frac{2}{3}$ 部分种了辣椒。种辣椒的部分是农田面积的几分之几呢？在以下方框内画出来。

● **达莱的问题**（难易程度：五年级上学期）

　　道奇每小时能走 $2\frac{1}{5}$ km，达莱每小时能走 $1\frac{4}{5}$ km。用这样的速度，道奇走了两小时三十分钟，达莱走了三小时十分钟。道奇和达莱谁走得更多呢？

● **智妮的问题**（难易程度：五年级上学期）

　　下列分数相加的和与相乘的积是一样的。

$$\frac{8}{3} \times \frac{8}{5} = \frac{8}{3} + \frac{8}{5} = \frac{64}{15}$$

$$\frac{7}{3} \times \frac{7}{4} = \frac{7}{3} + \frac{7}{4} = \frac{49}{12}$$

$$\frac{13}{9} \times \frac{13}{4} = \frac{13}{9} + \frac{13}{4} = \frac{169}{36}$$

　　找出共同点，写出两个和与积一样的分数。

$\frac{6}{15}$

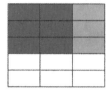

种生菜的部分是整体的 $\frac{2}{5}$，所以剩下的部分是整体的 $\frac{3}{5}$。

$\frac{3}{5}$ 的 $\frac{2}{3}$ 是把 $\frac{3}{5}$ 三等分后的其中两个部分，用红色表示。因此，种辣椒的部分是整体的 $\frac{6}{15}$。

● **达莱走得更多。**

道奇以每小时 $2\frac{1}{5}$ km 的速度走了两小时三十分钟。两小时三十分钟是 $2\frac{30}{60} = 2\frac{1}{2}$，道奇走了 $2\frac{1}{5} \times 2\frac{1}{2} = \frac{11}{5} \times \frac{5}{2} = \frac{55}{10} = 5\frac{5}{10}$。达莱以每小时 $1\frac{4}{5}$ km 的速度走了三小时十分钟。三小时十分钟是 $3\frac{10}{60} = 3\frac{1}{6}$，达莱走了 $1\frac{4}{5} \times 3\frac{1}{6} = \frac{9}{5} \times \frac{19}{6} = \frac{171}{30} = 5\frac{21}{30} = 5\frac{7}{10}$。所以，达莱走得更多。

● 例：$\frac{11}{6} \times \frac{11}{5} = \frac{11}{6} + \frac{11}{5} = \frac{121}{30}$

相加的和与相乘的积一样的两个分数，其共同点是分子相同，且两个分母的和等于分子。

$$\frac{8}{3} \times \frac{8}{5} = \frac{8}{3} + \frac{8}{5} = \frac{64}{15}$$

例如 $\frac{8}{3}$ 与 $\frac{8}{5}$，分母 3 和 5 的和等于共同的分子 8。

第七章　鬼洞

前行！
前行！

……

嗯，看来是这个洞。

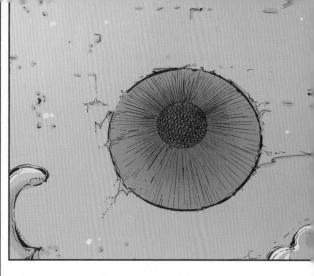

不过鬼洞的门上怎么画了天使?

是啊，奇怪。

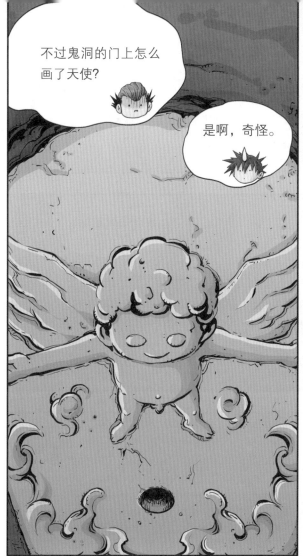

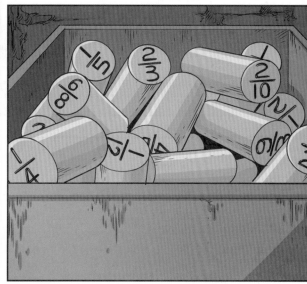

真诡异，感觉里面藏着很危险的东西。

对对。

$$\frac{1}{3} \times \boxed{} = \frac{8}{27}$$

$$\frac{1}{3} \div \boxed{} = \frac{3}{8}$$

......

这是不是什么提示啊?

我觉得不太像提示……

$$\div \boxed{} = \frac{3}{8}$$

更像是数学题。

比如找出刻有正确数字的木块,使算式成立。

!

哦,你的话也有道理。

在这国家里真是不论做什么事都离不开分数啊。

我一直待在屋子里，怎么能知道外面的天气呢？

嗯？

啊，对对。怕你无聊才打给你的。下次再联系，哈哈哈！

盯着

喀喀。

那个分数题，

你会算吗？

是，长官！

嘿

......

我会迅速把正确答案算好再呈现给您。

好，好吧。

这里比较合适。

我什么时候开始看那小子的脸色了呢？

分数的除法要把除数的分子、分母倒过来与被除数相乘，上次差点失误。

这次我一定要挽回我的名誉。

两个问题的答案是同一个数，所以先求第一个问题的答案，再把它放在第二个问题的空格内验证，就能判断是不是正确答案了。

$$\frac{1}{5} \times \boxed{} = \frac{8}{27}$$

$$\frac{1}{3} \div \boxed{} = \frac{3}{8}$$

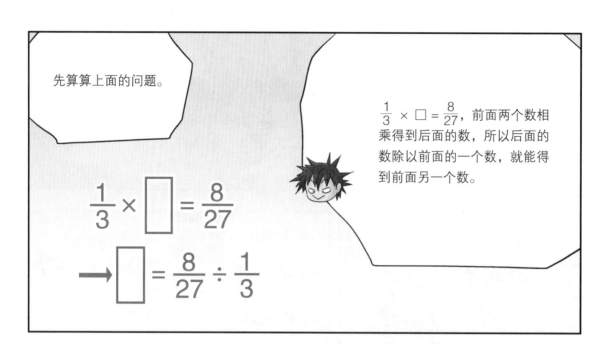

先算算上面的问题。

$\frac{1}{3} \times \Box = \frac{8}{27}$，前面两个数相乘得到后面的数，所以后面的数除以前面的一个数，就能得到前面另一个数。

$$\frac{1}{3} \times \Box = \frac{8}{27}$$

$$\rightarrow \Box = \frac{8}{27} \div \frac{1}{3}$$

计算过程是这样的：

$$\frac{8}{27} \div \frac{1}{3} = \frac{8}{27} \times \frac{3}{1}$$
$$= \frac{8}{27} \times \frac{3}{1} = \frac{8}{9}$$

所以，方框内的数是$\frac{8}{9}$。

验算一下答案对不对。

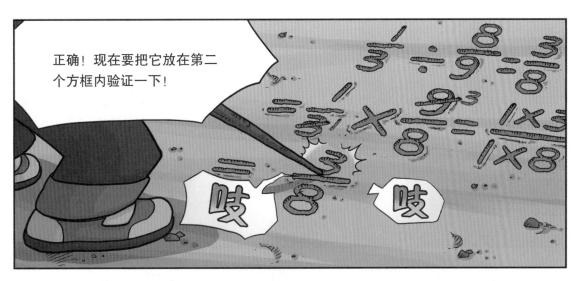

正确！现在要把它放在第二个方框内验证一下！

吱 吱

这样就证明了放在方框内的数就是 $\frac{8}{9}$，怎么样？对了吧？

阿哈哈哈

哈……

沙沙沙

算完了吗?

......

我看看。

$$\frac{1}{3} \div \frac{8}{8} = \frac{1}{3} \times \frac{8}{8} = \frac{1 \times 8}{3 \times 8} = \frac{8}{9}$$

哦，$\frac{8}{9}$！
居然答对了!

不错呀。

144

答对了？

您刚才去哪儿了？

嗯？

突然憋不住。

就在树丛里解决了……哈哈！

那您怎么知道我的答案是正确的呢？

您都没看解题过程，怎么就知道呢？

哦，天啊！

刚才是不是去问达莱了？

嗯哼哼

那个，你不觉得那些牧羊人很神奇吗？

……

简单的问题都不会，居然能算这么复杂的问题，是吧？

……

不,不! 我在想什么?

怎么能把小·孩和
路西法做比较!

虽然这个小·孩子的诡
计比大人还多……

$\frac{8}{9}$! $\frac{8}{9}$!
这些都
不是。

是吧?
8/9！

嗯，对。

放进去试试!

嗒

咔咔咔

8/9

轰隆隆隆……

门开了！

！

……

请进，队长。

别拍马屁了，都起鸡皮疙瘩了。

别呀，我本来就是懂礼貌的孩子。

唯

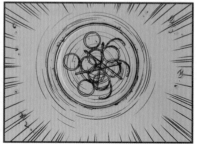

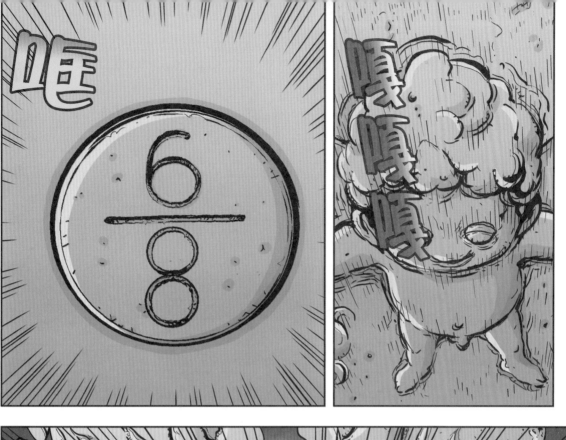

分数除法的秘密

$\dfrac{6}{7} \div \dfrac{1}{7}$　$8 \div 2$ 是求 8 包含有多少个 2。$\dfrac{6}{7} \div \dfrac{1}{7}$ 是求 $\dfrac{6}{7}$ 包

含有多少个 $\dfrac{1}{7}$。　$\dfrac{6}{7}$ 是 6 个 $\dfrac{1}{7}$ 相加的和，因此 $\dfrac{6}{7} \div \dfrac{1}{7} = 6$。

分母相同时，只需分子相除即可得出答案。

$$\dfrac{6}{7} \div \dfrac{1}{7} = 6 \div 1 = 6$$

$\dfrac{5}{8} \div \dfrac{2}{3}$　分母不相同的两个分数相除，首先做通分，再用

分子相除。

通分，使两个分　　分母相同，都是 8×3，　　调换 $\dfrac{5 \times 3}{2 \times 8}$ 分母中的
数的分母相同。　　所以只需分子相除即可。　　两个数的位置。

$$\dfrac{5}{8} \div \dfrac{2}{3} = \dfrac{5 \times 3}{8 \times 3} \div \dfrac{2 \times 8}{3 \times 8} = (5 \times 3) \div (2 \times 8) = \dfrac{5 \times 3}{2 \times 8} = \dfrac{5 \times 3}{8 \times 2} = \dfrac{5}{8} \times \dfrac{3}{2}$$

$\bigstar \div \bullet = \dfrac{\bigstar}{\bullet}$，把除式用分数表示。

因此，$\dfrac{5}{8} \div \dfrac{2}{3} = \dfrac{5}{8} \times \dfrac{3}{2}$ ，等于是 $\dfrac{5}{8}$ 乘以除数 $\dfrac{2}{3}$ 的倒数。

$$\dfrac{5}{8} \div \dfrac{2}{3} = \dfrac{5}{8} \times \dfrac{3}{2} = \dfrac{5 \times 3}{8 \times 2} = \dfrac{15}{16}$$

● **道奇的问题**（难易程度：六年级上学期）

把 1800 毫升牛奶倒入三个容量为 300 毫升的杯子里，倒入每个杯子中的牛奶占杯子容量的 $\frac{5}{6}$。还剩多少毫升牛奶？

● **达莱的问题**（难易程度：六年级上学期）

达莱用零花钱的 $\frac{2}{5}$ 买文具，$\frac{3}{8}$ 买零食，剩下的钱当作存款。达莱买文具的钱是存款的几倍？

● **智妮的问题**（难易程度：六年级上学期）

在 $\frac{1}{2}$，$\frac{1}{3}$，$\frac{1}{4}$，$\frac{1}{6}$ 中选三个分数，用 +，-，×，÷，( ) 等符号写出三个算式，使答案各为 1，2，3。

● 1050 毫升

> 在三个 300 毫升的杯子里倒入 $\frac{5}{6}$ 杯的牛奶，
>
> $300 \times 3 \times \frac{5}{6} = 750$，
>
> 三个杯子中共倒了 750 毫升牛奶。
>
> 剩下的牛奶是 $1800 - 750 = 1050$，即 1050 毫升。

● $1\frac{7}{9}$ 倍

> 达莱花掉的零花钱是 $\frac{2}{5} + \frac{3}{8} = \frac{16}{40} + \frac{15}{40} = \frac{31}{40}$，存款是 $1 - \frac{31}{40} = \frac{9}{40}$。要算买文具的钱是存款的几倍，就要 $\frac{2}{5} \div \frac{9}{40} = \frac{2}{5} \times \frac{40}{9} = \frac{16}{9} = 1\frac{7}{9}$，所以答案是 $1\frac{7}{9}$ 倍。

● 符合条件的算式很多，下面是两组示例。

> $\frac{1}{2} \times \frac{1}{3} \div \frac{1}{6} = 1$
>
> $\left(\frac{1}{2} + \frac{1}{6}\right) \div \frac{1}{3} = 2$
>
> $\frac{1}{2} \div \left(\frac{1}{3} - \frac{1}{6}\right) = 3$

> $\frac{1}{2} + \frac{1}{3} + \frac{1}{6} = 1$
>
> $\frac{1}{6} \div \left(\frac{1}{3} \times \frac{1}{4}\right) = 2$
>
> $\frac{1}{4} \div \frac{1}{6} \div \frac{1}{2} = 3$

第八章　黑暗中的怪物

啊?

门被关上了，现在什么都看不见。

适应一会儿可能会好点吧。

门被关上之前看到正前方有笔直的通道，所以咱们往前走走看吧。

还在为刚才的事生气吗?

这种小·脾气也跟爸爸一样。

扑哧!

哇!

看到了!

看来眼睛逐渐适应环境了!

什么?

软塌塌的?

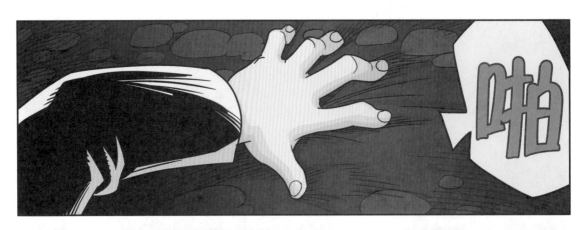

啊？你在说什么？

……

嗯？啊？

那小子刚才还在后面呢，现在去哪儿了？

喂，道奇？

郭道奇！

别开玩笑，赶紧出来！

啊！

嘶嘶......

精彩续集，请看"数学世界历险记"
第六册《来自航天局的客人》。

我的第一本科学漫画书

数学世界
历险记

内容简介

　　道奇意外进入了一个虚拟数字世界。虚拟世界中有一个叫路西法的 AI 程序，居然想要统治现实世界。道奇的任务就是解答路西法出的各种古怪的数学难题，阻止路西法的阴谋。这套书由小学数学老师参与编写，穿插介绍了数学概念、数学家、数学知识的运用等。每册书都有几个学习重点和相应的数学题，在玩游戏、看漫画的过程中，就可以提高推理能力和学习数学的兴趣。

适读年龄：7~12 岁

开本：16 开

定价：35.00 元 / 册

① 《被困虚拟数字世界》　⑤ 《黑暗中的怪物》
② 《笨人国里的数学天才》　⑥ 《来自航天局的客人》
③ 《大魔法师普利亚斯》　　⑦ 《挑战魔方阵》
④ 《光战士达帕尔》　　　　⑧ 《重返现实世界》

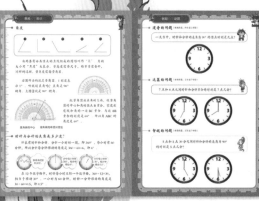

我的第一本科学漫画书

热带雨林 历险记

到神秘的热带雨林，来一场精彩刺激的历险吧！
走进昆虫和动植物的乐园，增长各种野外知识。

内容简介

少年志愿者小宇和阿拉在婆罗洲热带雨林里，遭遇了可怕的龙卷风，陷入绝境之中。唯一的办法是横穿雨林，去寻求普南族部落的帮助。原住民部族的少女战士萨莉玛与他们一同深入雨林冒险。面对野兽、毒虫以及各种因基因突变而变得怪异的可怕生物，三人能否成功穿越雨林？本系列通过生动有趣的漫画，带领小读者走进一段奇妙的探险之旅。实用的科学知识和面对困难毫不退缩的乐观精神，一定能激发孩子们无限的科学潜能。

开本：16 开

定价：35.00 元 / 册（共 10 册）

适读年龄：7~12 岁